乡村振兴农业高质量发展科学丛书

# 智慧之芯

◎ 赵 佳 著

中国农业科学技术出版社

**图书在版编目(CIP)数据**

智慧之芯 / 赵佳著. --北京：中国农业科学技术出版社，2023.3
(乡村振兴农业高质量发展科学丛书)
ISBN 978-7-5116-6411-2

Ⅰ.①智… Ⅱ.①赵… Ⅲ.①花卉园艺-普及读物 Ⅳ.①S68-49

中国国家版本馆 CIP 数据核字(2023)第 159940 号

**责任编辑** 白姗姗
**责任校对** 李向荣
**责任印制** 姜义伟 王思文

**出 版 者** 中国农业科学技术出版社
北京市中关村南大街 12 号 邮编：100081
**电　　话** (010) 82106638 (编辑室) (010) 82109702 (发行部)
(010) 82109709 (读者服务部)
**网　　址** https://castp.caas.cn
**经 销 者** 各地新华书店
**印 刷 者** 北京建宏印刷有限公司
**开　　本** 170 mm×240 mm 1/16
**印　　张** 5.5
**字　　数** 105 千字
**版　　次** 2023 年 3 月第 1 版 2023 年 3 月第 1 次印刷
**定　　价** 29.90 元

# 《乡村振兴农业高质量发展科学丛书》
# 编辑委员会



乡村振兴实践过程中，针对农业产业发展遇到的理论、技术等各层面问题，组织科研人员精心撰写了《乡村振兴农业高质量发展科学丛书》，展现科学成就、兼顾科技指导和科学普及，助推乡村全面振兴。

# 前　言

百花齐放、争奇斗艳，花何以开放？花香花色、花开时节，又有何讲究？从科学角度来讲，植物是有自己生存之道的，花儿开放是植物生理周期的一个重要阶段，与温度、光照、授粉和遗传等因素密不可分，让我们来感受一下花的神秘世界吧。

**植物一定开花吗？**答案是否定的，开花是被子植物的属性，我们知道植物界分类有苔藓植物、蕨类植物、裸子植物和被子植物。长期以来，人们以花的形态结构作为被子植物分类鉴定和系统演化的主要依据，开花也让被子植物能够有更广阔的演化关系，延展了其生态上的利基，以致能在陆地上的生态系中称霸。那么问题来了，粮食作物开花吗？当然，小麦、玉米、水稻这三大粮食作物也是属于被子植物，所以开花是必不可少的环节。

**谁告知开花讯息？**大多数北方落叶树种，在冬季需要经受一定时期低温作用（积温），翌年春天才能解除休眠，通常需冷量是以低于 7.2℃ 以下所累积时数计算的。这时候还只见花不见叶，因为花芽生长的温度比叶芽低，所以先开花后长叶，像玉兰、梅花、迎春、杏花、樱花、紫荆等都是这样先花后叶的植物。除温度外，植物开花具有敏感的光周期现象。长日照植物，如小麦、大麦、油菜、菠菜和萝卜等，日照时数必须大于其所要求的临界日长，一般 12h 以上才能开花，像天仙子必须满足一定天数的 10h 日照才能开花。短日照植物，如水稻、玉米、大豆、高粱和菊花等，日照只有短于其所要求的临界日长，一般 12h 以下才能开花，像菊花须满足少于 10h 日照才能开花。日照中性植物，如月季、黄瓜、茄子、番茄和向日葵等，对光照长短没有严格要求，任何日照下都能开花。

**植物昆虫怎共生？**植物与传粉昆虫往往是互利共生的，一个繁殖，一个觅食。全球种植的作物以及野生植物授粉主要由昆虫媒介完成，传粉的昆虫主要是膜翅目、鳞翅目、鞘翅目和双翅目等类群，蜂类是称职的传粉者，它们的种类超过两万五千种，有大有小，有的没有螯刺，有的极具攻击性，有的喜欢群居，有的偏好独处。

**一朵朵一簇簇吗？**植物的花，有的是单独一朵生在茎枝顶上或叶腋部位，称单顶花或单生花，如牡丹、芍药、荷花和莲花等。还有一些植物的花会按一定方式有规律地着生在花轴上，称为花序，由很多小花组合而成。总状花序的棉花，雌雄同株两性花，与其他植物的花不同的是，棉花一生两次绽放（开花和吐絮）。柔荑花序的柳花，花形柔软下垂，因为没有漂亮的花萼花瓣装饰，不甚显眼，为了传播花粉在春天萌生出花序，并有雄雌之分。近乎圆球状花序的绣球花，四周不育花，吸引昆虫注意力，中心才是有育花。头状花序的向日葵大花盘，也是由成百上千朵小花聚集而成的，四周的花是黄色舌状花，吸引昆虫的注意力；中心的花是棕色或紫色两性管状花，最终结实成葵花籽。还有一种比较特殊的植物——地上开花地下结果，如花生是唯一的地上开花地下结果的植物，从播种到开花也就一个多月，但是花期却长达两个月。

科学看万物，万物不寻常，聪明的植物为了生存，发挥着它们的智慧。种子是农业的“芯片”，可是开花才能结籽，花则是植物核心之处，随着二十四节气变动，不停地摇曳。那就让我们开启智慧之芯的旅程，一起来探索植物的花中奥秘吧。

# 目　　录

## 立春　明黄迎春为哪般

“金英翠萼带春寒，黄色花中有几般”，转身回眸间，金黄色瀑布似的迎春花带来了春天的气息。

迎春花是木樨科植物，顾名思义就是迎接春天的花朵，是春天花卉中少有的敢于向寒风挑战的最先开放的花，黄色花蕾仿佛在向人们宣告：春天已经来了。迎春花之所以在春天开放得早，是因为它的花芽在上年的夏季就分化完成了，待它的花各部分原基形成后，花芽会转入休眠。当翌年春季气温合适的时候，迎春花就可以早早地开放，并且越长越娇艳。

朴实无华的迎春

春天来了

植物并不是为了迎合人类才绽放美丽的花朵，美丽的花瓣和芬芳的花香，实际上都是为了吸引昆虫过来帮忙传播花粉的道具罢了。蜜蜂一般在室外温度大于15℃的时候才会出巢活动，早春能够出来活动的一般都是小虫子——如虻，对波长范围在577~597nm的黄色光最为敏感。而为了迎合这些小虫子的习惯，早春的植物就会绽放出黄色的花朵，来吸引虻的光顾。但是这些小虫子识别花朵种类的能力太弱，访花时不能保持“专情”，飞来飞去便会浪费很多花粉。当然植物也会有自己的生存之道，尽最大可能扩大种群的覆盖面积。迎春花就在长长的枝条上排着整齐的队伍成片开放着，向小虫子们发出信号——“快来觅食啊，这有食物”。即使小虫子们分不清是迎春还是连翘或是其他黄花，但至少落到成片同类的概率比零星开放时要大很多。

植物和传粉昆虫也是互利共生的，长期以来我们一直都在研究蜂类，尤其是蜜蜂，可不要小看它。蜜蜂有3种光感受器（又称为感光细胞），蜜蜂的光谱可见范围是300~600nm，对紫外线、蓝光和绿光的区域最敏感，人眼的光谱可见范围是400~760nm，最敏感的区域则是蓝光、绿光和红光。在一亿两千万年前的花朵化石上，就出现了蜜蜂，而最先向其献殷勤的也是花，花的颜色自然是招引的部分诱因，当然，花演化的目的就是要吸引更多种类的昆虫。

迎春花开

早春觅食昆虫

蝴蝶的可见光谱是从紫外线到亮红色，可看到的颜色比蜂类多，也比人类多，有些蛾类的色彩视力也跟蝴蝶一样好。甲虫是重要的传粉者，屎壳郎能区分黄和橙、紫和蓝、黄绿和浅绿。大部分苍蝇看见的世界是彩色的，也可以传播花粉。小小的蓟马靠采集花粉为生，对蓝绿、蓝色和黄色最为敏感。不过其他传粉者，包括胡蜂、蟑螂、书虱、蝗虫、蟋蟀和草蛉，它们的色彩视力都还没被人研究。

鸟为很多花传粉，拥有绝佳的视力，和蝴蝶一样，鸟可以轻易看到红色。在美洲，蜂鸟喜欢造访红花；缺乏传粉鸟类的中欧一带，红花就相对比较少。哺乳动物也能传粉，容易被富含花蜜花的香味吸引，但这些花的颜色通常较为黯淡、单调，也常常靠地面生长。夜行性蝙蝠通常都吸吮白花或乳白色花的花蜜，因为这些花在夜色中看起来较为醒目。许多地鼠等啮齿动物喜欢在破晓时刻觅食，它们偏好轻淡的颜色。

很多人对于迎春花和连翘分不清楚，一是数数花冠裂片，迎春花的花裂通

成片迎春

成片连翘

常有6裂，而连翘只有4裂。二是观察枝条的形态，迎春枝条通常如长发披散，花朵正脸示人，而连翘枝条中空直立，花朵害羞在一侧半掩示人。三是看看花开的时间，连翘通常在迎春花开败之后才开放。

每到初春，迎春花最先悄悄露出花苞，默默为春天开放，不要忘掉那些曾经为春天铺垫色彩的所有黄色花朵。

## 雨水 春霁柳花串串垂

“柳花陌上捻明珰”，雨水过后，柳枝上冒出串串的柳花。

柳树也会开花吗？答案是显而易见的，树木为了传播花粉，会在春天萌生出花序，并且有雌雄之分。柳花，花形柔软下垂称为柔荑花序，为单性花，不是完全花，没有花萼、雌蕊或雄蕊。因为没有漂亮的花萼和花瓣装饰，不甚显眼，时常被忽视掉，仔细观察，才看见绿叶之间细细的小花蕊。用手触碰一下竟然有黄黄的花粉，然而，却连一丝香味也无。

柳条垂垂

满面春风

因为柳树的花朵较小，也没有什么香味，加之柳花的颜色较淡，所以有时候柳树开花了也很少有人注意。它的蓓蕾就像麦穗，也像莲花瓣，碧绿碧绿的，一点也不醒目，夹在两片柳叶中间，倒像是在悠闲地荡着秋千。柳花从不与桃李樱梅争奇斗艳，从外形上看实在不像是一种花，当它躺在地上时看上去更像是毛毛虫，所以有很多人会误以为柳树不会开花。

柳暖花春

垂柳蓬茸

柳树主要树种有垂柳、旱柳和白柳，根据柳树品种的不同，柳花的形态特征和花期也是不一样的。垂柳的枝条比较细长，一般是淡黄色的，基部为楔形，花色是红黄色，花期一般在3—4月。而旱柳的花序一般是圆柱形，它的子房为长椭圆形，没有花柱，旱柳花色是黄色或黄绿色，花期在4月。白柳的花序与叶同时开放，苞片是倒卵状的长圆形，看起来是淡黄色的，它的花色为鲜黄色，花期是4—5月。

“枝上柳绵吹又少”，曾几何时，人们都看过漫天的柳絮纷飞，可是柳絮非花也。柳絮是柳树的种子和种子上附生的茸毛，不能误认为是柳花，这些包裹着种子的柳絮是用来开枝散叶的。当花序成熟以后，雌花序中的果实裂成两半，带有茸毛的种子随风飘散。那柳絮漫天飘飞起来，像棉花，似飞雪，又像是蒲公英，去寻找生根发芽的理想土壤。在春光明媚里落地生根，从一粒微小的希望出发，不断积蓄力量，长成大树参天，柳荫蔽日。

一抹柳绿

柳絮飘飘

既然我们知道了柳树是雌雄异株的，那么怎样才能辨别哪株是雄株，哪株是雌株呢？柳树雌株、雄株没开花前长得很像，形态上难以区分，栽种时不可避免地会栽上一些雌株，导致春末夏初漫天飞絮。除了柳絮生成之前注射药物来抑制外，还可通过研究与性别分化相关的机制，帮助找到雌株、雄株体内不同的标记物，这样在柳树还是小苗时就能分辨出其性别，绿化时就可以有针对性地栽种所用的雄株了。

对于异花授粉来说，传粉媒介主要是昆虫和风。柳树的雄花有两枚雄蕊，两个蜜腺；雌花有一枚雌蕊，一个蜜腺。柳树有蜜腺，是虫媒花，借着花蜜吸引昆虫传播花粉。虽然杨柳依依，但是两者授粉方式却不一样，因为杨花没有蜜腺，不能分泌花蜜诱惑昆虫传播花粉，只能借风力传播花粉，所以是风媒花。

柳絮与杨花却是有渊源的。杨柳在古代是一种吉利之物，友人回归，主人往往要折一支柳枝相赠，以示挽留之意。到了公元605年，隋炀帝下令开凿运河，召唤民众在河边植柳，每种活一株者，奖细绢一匹，大众争植，岸柳成荫。隋炀帝为了显现他的神威，还举行了亲身植柳的典礼，并挥御笔书赠杨柳姓“杨”，享受与帝王同姓之殊荣。从此柳树便有了“杨柳”之美称，柳絮自然也就成了杨花。

杨柳青青柳色新，飞絮飞花何处有！

# 惊蛰　玉兰花开俏争春

“朝饮木兰之坠露兮”，细雨迷蒙中，走在石板路上，看着两边的白玉兰，迎来了春日赏花的大戏。

玉兰是一种很独特、很有个性的花。在春寒料峭的时候，毛茸茸的花苞便在枝头酝酿，像极了毛笔的笔头，所以它还有个别名“木笔花”。这毛茸茸的花苞还是著名的中药材叫“辛夷”，为常用中药，以干燥的花蕾供药用，具有温肺通窍、祛风散寒等功效。

玉兰花开

楚楚动人

早春的风带着未散的寒气，轻轻叹了口气，便惊醒了浅眠的玉兰。那玉兰轻皱眉头，却也知晓是风的善意提醒，便不甚在意，畅意地舒展身体，抖落下了盈盈的露珠。春风拂面时，就像吹响集结号，转眼就繁花满树。玉兰是“先花后叶”的植物，因为花芽萌发的温度比叶芽低，所以会先开花后长叶。这些植物花木的芽都是在上年夏季形成的，通过暑夏、秋凉和越冬休眠，完成花芽分化，翌年春天就可开放。而这些花木花芽开放要求的气温往往要比叶芽萌发的气温低，因此春寒未尽，它们就昂首怒放，以后气温逐渐上升，叶子才开始萌发，常见的梅花、迎春、杏花、樱花、碧桃、紫荆等都是这样的植物。

盛开的玉兰，一共有 9 个花瓣，其实从发育来说是 6 个花瓣，3 个萼片，只不过萼片完全演化成花瓣的形状，和花瓣难分彼此，所以干脆统称为被片。植物学上，一般将“花被”作为花瓣和花萼的总称，在玉兰花这里，也分不出花瓣和花萼，用花被来统称了。玉兰花花蕊也极其好看，中央黄色的、触手状的是雌蕊群，有着奇妙的秩序美。

除白玉兰外，还有紫玉兰，原产云南，矮小灌木，属双子叶植物中最古老的木兰科，也是誉满中外的“云南八大名花”之一。花瓣窄收拢，外边的花

亭亭玉立

瓣呈深紫色，由魅紫的根部渐变至瓣末的浅玫红。

那“东风不与周郎便，铜雀春深锁二乔”的二乔玉兰，则是白玉兰和紫玉兰的杂交品种，形状介于两者之间。外轮花被片短于内轮，花瓣内白外紫，内边的花瓣呈奶白色，像涂了一层蜡一般有光泽。凑近仔细闻一闻，就像青草混杂着露水的味道，抑或是新鲜的水果果香。

南方常见的是广玉兰，又称荷花玉兰，形似荷花，它是四季常绿的乔木，夏季开花，花朵在满树绿叶中越发出彩。广玉兰的花瓣大如荷花，一点都不夸张，有“树上的荷花”之称。在中国植物志所使用的分类系统中，广玉兰和白玉兰都属于木兰属，不过在最新的分类系统中，广玉兰“跑”去了北美木兰属。广玉兰的确是从北美引进

二乔玉兰

荷花玉兰

来的外来树，百年前的广玉兰乃是舶来的名贵树木，如今已经遍植南方城市。

其实，玉兰所在的木兰科是地球上最古老的植物类群之一，是研究被子植物起源、发育和进化的珍贵树种之一。木兰科植物多为高大乔木，和壳斗科、樟科的乔木一起，在维护森林生态系统的平衡中发挥着重要作用。一些种类的木兰科植物的花和叶可提取芳香油、香精等，又因其姿色香韵优美宜人，更成了园林绿化的主流树种。

可是，玉兰的花期很短，第一眼望见她时，如顶着一朵朵竖立的花苞，迎

接为其授粉的灵巧金龟子。随后的好些日子里，她依旧保持着挺立的站姿，枝头上仿佛戴上了皇冠。往往需要一个月，在月明星稀的夜晚，北归的燕子依依不舍地绕树三匝，流连婉转地在她耳边呢喃，她才能睁开睡眼惺忪的双眼，与冬天告别，向春天问好。虽然玉兰的盛花期只有10d左右，在春季，却是云霞烂漫正当时。

## 春分 桃花灼灼春水生

桃花春水生，春分时节正是桃花盛开最旺的时候。千百年来，桃花被我们寄予了太多的情怀，红白、粉红、深红，浪漫芳菲。

桃，蔷薇科植物，距今已有 3 000 多年的栽培历史。全世界有 3 000 多个品种，我国大约有 1 000 种，品种分类有真桃系和山花桃系。真桃系有直枝绿叶桃类、直植紫叶桃类、寿星桃类、垂直桃类；山花桃系有杂种山桃类的复瓣杂种山桃型，其中变种有白花山碧桃。桃树的树干是褐色的，有许多小点点，摸起来有些粗糙，相比之下，还是比其他开花的树要光滑许多。

簇簇桃花

桃李争妍

桃花也是聪明的，杏花谢后，才会吐出一丝丝粉嫩，一朵朵单生花和刚刚吐露的嫩芽在枝头共舞。情不自禁地上前细细端详，每朵桃花都有五个花瓣，这五片花瓣紧紧地围在花蕊周围，一朵挨着一朵，三五成群挤在一起开得正艳，一股香气扑鼻而来，不断释放着春天的香甜和浪漫。

李白桃红

立在枝头

开花是植物生命中一个非常重要的环节。桃花在上年 5 月就已经开始悄悄孕育了，秋季落叶前，花的花萼、花瓣、雄蕊、雌蕊就已经逐渐分化形成，在料峭的寒风中积聚能量，默默等待春天的到来。那么又是谁告知“桃花三月闹枝头”的讯息呢？

植物如果不具备这样的本领，根本不会存活至今，它们也需要传宗接代。大多数北方落叶树种，在冬季也是需要经受一定时间的低温作用，才能在翌年春天解除休眠，通常需冷量是以低于 7.2℃以下所累积时数计算的。桃的需冷量在 1 000h 左右，花芽接受足够低温的洗礼后，等待着外界温度的升高，当日平均温度 10℃以上桃就可以开花了。据调查，平均气温持续在 10℃以下的桃花，坐果率为 56.4%，在 10℃以上的为 88.2%，12～14℃是桃花盛开的最适宜温度。

春天一到，桃体内光敏色素会告知白天在变长，该开出花朵了；到了秋天，光敏色素又会告知夜晚在变长，该留下后代了。其实植物是能够“看到”外界光线变化的，它们也有广义上的“视觉”。我们听说过“春暖花开”，实际上，不仅温度是决定植物何时开花的主要因素，光照时长的变化也是。它们能够测量出白天和黑夜的时长比例，借此来推算出外界环境是否适合自己的生存。

含苞待放

羞羞答答

现代科学研究和农业生产中，经常会通过调节光照对植物开花时间进行调控，光照时间的长短，关系着花卉的生长发育。各个花卉花芽分化所需的光照时间是不同的，可通过人工控制花卉的光照时间，从而达到控制开花时间的目的。长光照处理：可以使短日照花卉的花期延后，如将桃花在花芽未分化前每天用灯光补充光照，使其延迟开花。短光照处理：多用于休眠跃动的花卉，如菊花、一品红等，这类花卉在健壮生长之后，采用遮光处理，经常用黑布或黑塑料膜全株罩严，每日只给 8～10h 光照，经过这样处理 55～60d 后，即可提前开花。日夜颠倒法：主要针对一些在夜间开放，白天自然条件不会开花的花卉。遮阴处理：主要针对一些阴性花卉，因为阴性花卉多不能适应强烈光照，在含苞欲放或初开时期，用草帘等进行遮阴或移入光照弱的室内，能延长开花时间，使观赏寿命延长。

“胭脂用尽时，桃花就开了。”古人的胭脂是桃花做的，正好这一年做的用完了，桃花也就开了，就又可以用桃花做胭脂了，爱美的古人还发明了“桃花妆”。“桃之夭夭、灼灼其华”“桃之夭夭，有蕡其实”“桃之夭夭，其叶蓁蓁”，桃最早由中国驯化，从诗经从远古而来，当你和桃花碰面时，亦会有新的期许！

## 清明　和风荡漾菜花黄

“清明过了桃花尽，颇觉春容属菜花。”

油菜是十字花科植物，花瓣四枚，呈“十”字形排列，与我们熟知的白菜、甘蓝、西蓝花、萝卜同属于一个大家族。十字花科植物，这是一个经济价值较大的科，主要包括蔬菜和油料作物，全世界有 300 属以上，约 3 200 种，主要产地为北温带，尤以地中海区域分布较多。我国有 95 属、425 种、124 变种和 9 个变型，全国各地均有分布，以西南、西北、东北高山区及丘陵地带为多，平原及沿海地区较少。

油菜花海

漫山遍野

油菜在我国栽培历史悠久，成书于战国两汉时期《夏小正》里白菜型油菜的记载，是一种适应性强、用途广、经济价值高、栽培历史悠久的油料作物，在世界油料作物生产中产量仅次于大豆，居第二位。我国油菜育种最初以产量和熟期为主要目标，以栽培白菜型和芥菜型油菜为主。白菜型油菜广泛分布于全国各油菜产区，所占比重在 90%以上；芥菜型油菜次之，零星分布在我国北方高寒地区和南方丘陵山区及沿江沿湖地区；而甘蓝型油菜仅在极小的范围内引种。但我国油菜育种主要以品质为主，甘蓝型油菜凭借其优异的性状及较高的产量开始被广泛推广和种植，也是 3 种油用油菜“白菜型、芥菜型、甘蓝型”中株体较大、生育期较长、籽粒产量高、冬性强的品种。

油菜依据生育特点和栽培方式，分为苗期、抽薹期、开花期和角果发育成熟期。当油菜有 25%植株开花时即为初花期，75%植株开花为盛花期，花期约 30d。油菜的开花顺序：主茎先开，分枝后开；上部分枝先开，下部分枝后开；同一花序，则下部先开，依次陆续向上开放。油菜的开花期对土壤水分和肥料要求迫切，特别是磷、硼元素尤为敏感。

“儿童急走追黄蝶，飞入菜花无处寻”，植物和传粉昆虫往往是互利共生，

苍翠欲滴

香气扑鼻

一个繁殖一个觅食。植物招引传粉者时，传粉者会将卵产在植物上；植物通过分泌有毒物质防御侵袭，传粉者也会随之进化，在长期的你争我斗中相互适应。提到油菜花，总少不了菜粉蝶的身影，它对油菜花可是情有独钟。

错落有致

菜粉蝶飞

菜粉蝶特别喜食十字花科植物，因其色彩相近有助于隐蔽，头部触角还能够灵敏地感知到分泌的芥酸甘油酯，尤其在油菜开花和结油菜籽时，这种物质的合成量会大增，并且主要储存在菜籽的油脂中。菜粉蝶也比其他昆虫更能够感知空气中微量的芥酸甘油酯，更容易精确判断何处有油菜花盛开，被吸引着前来传粉、产卵、成虫、化蛹成蝶。所以，黄色的菜粉蝶特别钟爱金黄色的油菜花。当黄色菜粉蝶发现何处有油菜花时，就常常在此产卵，翌年卵孵化出来的幼虫，依靠吃油菜的叶片而逐渐长大，然后再化蛹变成成虫蝴蝶。如果这片土地翌年继续种油菜，就会有更多偏爱油菜花的菜粉蝶了。

当然我们也会采用农业遥感技术，监测昆虫的迁飞路径，对植物可能造成的危害进行预警预报。遥感卫星，植物昆虫，无限遐想。

## 谷雨　唯有牡丹真国色

“谷雨洗纤素，裁为白牡丹”“唯有牡丹真国色，花开时节动京城”，何人不爱牡丹花呢？

牡丹“花中之王、国色天香”，有“九大色系、十大花型”，也有“云想衣裳花想容，春风拂槛露华浓”的美誉，牡丹是我国本土花卉，也是国际花卉市场上唯一拥有我国自主知识产权的花卉品种。牡丹九大花色分别是白色系、粉色系、红色系、绿色系、黄色系、紫色系、黑色系、蓝色系和复色系，十大花型分别是单瓣型、荷花型、菊花型、蔷薇型、托桂型、皇冠型、金环型、绣球型、千层台阁型、楼子台阁型。其中，以‘凤丹白’为代表的单瓣型和以‘锦云红’为代表的荷花型，雌蕊发育正常，结实能力强；以‘首案红’为代表的皇冠型，雌蕊退化或瓣化，偶有结实；以‘豆绿’为代表的绣球型，雌蕊基本或全部退化或瓣化，无结实能力。

国色天香

花团锦簇

牡丹除了有观赏和药用价值，还有油用价值。牡丹籽出油率为 27%～33%，牡丹籽油不饱和脂肪酸含量高达 90%，其中 α-亚麻酸含量高达 42%。α-亚麻酸是人体内的一种必需脂肪酸，其在人体内不能自身合成，需从食物中摄取。此外，牡丹籽油中维生素 E 含量也很高，每千克含量为 316. 2mg，还含有亚油酸、植物甾醇、多酚类物质等多种营养成分。牡丹籽油属无毒级，无遗传毒性，具有较高的食用安全性。

我们选育的赏食兼用牡丹新品种单瓣花型，中心为浅紫色，边缘粉白色，极大提高了油用牡丹的观赏价值。我们选育的多荚油用牡丹新品种，它的 α-亚麻酸的纯度和丰度非常高，尤其作为跨界攻关研究的化妆品原料，表现非常优秀。此外，我们还开发“牡丹休闲精酿”等延伸产品。

牡丹，又称“英雄之花”“风骨之花”，它“舍命不舍花”将根部营养全

油用牡丹

争奇斗艳

部供给花朵，初无名，依芍药得名。我国牡丹资源特别丰富，如今栽培面积最大最集中的有菏泽、洛阳、北京、临夏、天彭、铜陵等。而菏泽还是国内芍药种植面积最大、品种最多、色系最全的生产、销售和旅游中心，目前种植面积约有2万亩（1亩≈667m$^2$），其中国内品种1.5万亩、进口品种5 000亩，传统品种460个、进口品种170个、适宜切花品种30多个。

百花齐放

芍药根系

《本草纲目》曰："唐人谓之木芍药，以其花似芍药，而宿干似木也。"牡丹和芍药的最大区别是，牡丹茎为木本、多年生灌木；芍药茎为草质、多年生宿根花卉。牡丹叶先端常分裂，像鸭掌；芍药叶先端尖不分裂，像柳叶。每年的秋末冬初，牡丹保持直立的枝干，带枝越冬，翌年春天茎顶端生出新芽；芍药地上部分会全部枯萎，翌年春天新芽从根茎处破土而出。牡丹和芍药因为花期不同栽在一起，牡丹每年清明左右花蕾迅速增大，谷雨前后开始盛开；芍药的花期则在牡丹之后，相差10~15d。

近几年切花芍药很流行，但国产优秀的品种有限，若是想选育切花用途的新品种可以考虑切花性状：茎秆直立粗壮、花型饱满、花色多样、适应性强等。最简单的方法是在田间采收自然结实的种子进行播种，3～5 年后实生选育出符合目标的品种。另外，可以进行人工杂交育种，确定育种目标后，选择合适的父本和母本于花期进行授粉套袋处理，8 个月就可以收获杂交种，播种开花后即可筛选新品种。

“谷雨三朝看牡丹”“立夏三朝看芍药”，牡丹和芍药次第开放，给人们以极大视觉享受。

## 立夏　麦花无数及时开

“细麦落轻花”，晚春初夏最不起眼的麦花，开启了它短暂的生命。

麦花细小而微，小麦是二十四番花信风中唯一的庄稼花，没有婀娜身姿，没有醉人芳香，悄悄地开，静静地谢。春风拂过，麦苗返青，踏着时令的节拍，经过拔节孕穗出芒的一路跋涉，小麦终于抵达扬花的渡口。“麦秀风摇”，小麦经风摇动苗壮成长，经阳光照射颗粒更加饱满，午后的小麦花迎着和风艳阳灿然开放。都说昙花一现、须臾之间，麦花则更短暂，只有15~20min，是开花时间最短的花。而麦穗从第一朵花到最后一朵花的开放，也就需要4~5d的时间。

细微麦花

麦花开放

麦花太渺小，不惹人瞩目倒也罢了，就连那些同样微小的蜂啊蝶啊也懒得亲近它们。小麦靠的也是自花授粉，花药与子房同时成熟，在体内完成受精，在田间观察到花药露出颖壳外，已经完成了传粉受精的过程。开花时鳞片吸水膨胀，迫使外颖张开，同时花丝迅速伸长并伸出颖片外，把嫩黄色的花药送出花外。花粉囊破裂而散粉，一段时间之后花药则变成白色，这就是我们肉眼可见到的麦花。

小麦也是经过了两次的“远方亲戚”联姻进化，与山羊草互生情愫，打破生殖隔离，形成四倍体的野生二粒小麦，后又与节节麦（DD）情投意合，形成异源六倍体小麦。扬花期的小麦，关乎着籽粒的饱瘪，蕴藏着丰收的期冀，育种家们这时候已经在田间开始了杂交试验。

通过去雄套袋、隔离自身的花粉，授以其他优良品种的花粉进行杂交育种，得到的籽粒即为$F_1$代种子。然后通过株高、株型、抗病、抗逆等系统的选择，在$F_5$代以后各项性状稳定后出圃。然后经过品比、鉴定、区试等层层的考验，这一过程需要10年的时间。这才有了高产广适品种、优质强筋品种、

小麦青青

一穗麦子

抗旱节水品种、特色营养品种等20多个系列品种，累计推广6亿多亩，增产超500亿元，增产量可满足1.7亿人一年口粮，肩负起了保障国家粮食安全的重任。

麦穗成熟

风吹麦浪

那么问题来了，馒头、面包、蛋糕所用面粉都是一样的吗？当然不一样了。小麦根据面筋强度有强筋、中筋、弱筋之分，制作面包、拉面和饺子等要求面粉筋力很强的强筋面粉，对面筋强度要求不高的面制品可用中筋面粉，制作饼干糕点等只需要面筋强度弱的弱筋面粉即可。

在藏粮于地、藏粮于技的战略下，研究采用了农机农艺融合的小麦生产管理技术。像双镇压精量匀播技术，将整地播种“改六简三”，精简为“灭茬、耕翻、播种”三道工序，播前、播后两次镇压保证播种质量，提高光热资源利用率，苗齐、苗壮、苗匀，保墒、抗病、抗倒伏、抗干热风，节种30%增地6%提产量，节水20%节本25%增效益。像“一喷三防”防治措施于小麦产量意义重大，这也被称为增产套餐，通过一次喷洒药剂，起到防病防虫防干热风的作用，从而达到保产增产的效果。一般在小麦整个生长过程中使用 3 次生长调节剂，第一次在小麦返青后，第二次在小麦孕穗扬花期，第三次在小麦灌浆期。通过喷施磷酸二氢钾、芸苔素内酯、氨基酸等生长调节剂，起到养根护叶、提高抗逆性及预防干热风的作用，促进小麦开花后灌浆，提高粒重，达到增产的效果。

仓廪实，天下安。保障粮食安全是一个永恒的课题，打好种业翻身仗、推进种业振兴任重道远。

## 小满　牧草之王紫花艳

“茫茫苜蓿花，落满金微道”，孟春苜蓿，湉湉碧潭，倚木而躺，观碧穹宇。

苜蓿为多年生豆科植物，根据它的花色可以分为3种类型。第一种杂花苜蓿，第二种黄苜蓿，最常见的就是第三种紫花苜蓿。紫花苜蓿为紫色或浅紫色，总状花序，呈穗状排列，大多数腋生，有花梗，萼片筒形、钟形，花冠黄色。花丝顶端不膨大，花柱呈线形、锥形，柱头顶生，子房无柄或短柄。紫花苜蓿的花期长、具有芳香性，是典型的蜜源植物，曾有记载：“紫花苜蓿多播种于碱地，为畜产要品，嫩叶可食，蜜源极强，附近宜于养蜂。”紫花苜蓿最主要用途，当然还是作为牛、马、羊、食草宠物的优质饲草资源，早在西汉时期张骞出使西域，就把紫花苜蓿引到了中原，具有产量高、蛋白质含量高等优点，被誉为“牧草之王”。

紫花苜蓿

紫花苜蓿这普通的草，之所以能引起人长久的重视，是因为它有着耐寒、耐旱的品性。不择地而生，不讲究任何条件，往往都是种在土质最差的边远山地，而它仍能把根深扎于北方最贫瘠的黄土地。健全发达的根系在黄土地里尽情地延伸着，演绎出一段段生命执著地眷恋着土地的情话。特别令人瞩目的是种过它的地方土质还能变肥，再种庄稼，五谷丰登。而且，种起来极易成活，种一茬竟能生长二三十年，并且一长出就是一大片，郁郁葱葱，十分茂盛。割一道又长出一道，能长到1米多高，一年可割4茬，全年每亩产量高达3~5t。紫花苜蓿干物质中粗蛋白质的含量高达22%~24%（玉米的粗蛋白含量仅为8.5%），种植1亩紫花苜蓿相当于种植6亩玉米的粗蛋白含量。

苜蓿盘空

花枝招展

另外，紫花苜蓿还耐盐碱，适应性非常广，并且有着很强的固氮能力，可以改善土壤肥力。在黄河三角洲千分之三的盐碱地上，通过创新草豆（牧草大豆）轮作模式，在冬春闲田时种植牧草，解决连作障碍。紫花苜蓿具有秋眠性，在秋季，不同秋眠级的品种，随着光照时间的减少和温度的不断降低，它们的生长特性差异会非常地明显。在山东适宜的紫花苜蓿秋眠级为4~6级，广泛种植的品种有鲁苜系列、中苜系列、WL系列。

育肥猪日粮中，也可以用苜蓿粉代替豆粕饲喂肥猪，能提高猪的采食量和胴体瘦肉率，降低饲养成本，显著增加养殖效益。在猪的基础日粮中，添加一定量的苜蓿草粉不仅能够降低饲养成本，增加养殖经济效益，而且还能促进肥育猪的生长发育，提高母猪的繁殖性能。

红紫夺朱

露红烟紫

牛羊喂养中，添加苜蓿干草对奶牛产奶量、乳蛋白和非脂乳固体都有极显著提高，牛奶品质得到明显改善，但乳脂率有所降低。从奶牛养殖经济效益方面分析，日粮中添加苜蓿干草，能够显著提高奶牛养殖业的整体效益。苜蓿可以替代奶牛日粮中部分精料，也可以作为优质的粗饲料，优化日粮组成，且能在不同程度上提高奶牛的产奶量和经济效益。

紫花苜蓿作为宠物饲草，可以保持2~4年高产，一年可收获七八茬，收获时紫花苜蓿植株不高于45cm。刈割后，自然干燥或使用空气能烘干房进行快速干燥，使水分含量下降至标准含量以下，最后进行打捆。此外，优质的紫花苜蓿可以调制加工成干草、青贮、草颗粒等草产品，能够保持苜蓿草的鲜嫩、营养价值不流失、适口性好的优点。

若隐若现

说到宠物饲草，就是专门给兔子、龙猫、豚鼠等草食宠物饲喂的牧草，除了紫花苜蓿，还有猫尾草、猫薄荷、燕麦草、蒲公英等。

如何保证宠物牧草的常年供应呢？除了露地栽培，还可以像蔬菜一样进行设施栽培，像猫尾草，就是在大棚温室下进行的种植，这样可以提前上市。翌年3月就可以收获第一茬了，它的价值品质都是最好的，等到这种牧草长到40~50cm时，就可以收割。然后还可以进一步进行烘干，加工成干草，还可以加工成草颗粒、草块、草粉这些产品。

当你策马奔腾驰骋的时候，不要忘记紫花苜蓿这一重要的战略物资，这一牧草的佼佼者。

## 芒种　向阳而生花自开

“葵花朝露待日曦，向阳而生花自开。”

向日葵，菊科一年生草本植物，具有向光性，其实真正支配向日葵转头的是茎秆里的生长素，喜欢与光线捉迷藏。向日葵生长素背光分布，背光的一侧生长较快，向光的一侧生长较慢，因此向日葵的茎部会产生逆光性的弯曲，一直向着太阳转动。在阳光照射时，生长素在向日葵背光一面含量升高，刺激背光面细胞拉长向太阳转动。在太阳落山后，生长素重新分布，使向日葵转回东方。科学测量发现，向日葵向日也并非即时跟随，转动其实会略微落后于太阳，花盘指向落后太阳约 12°，即 48min。太阳下山后，花盘又慢慢往回摆，大约在 3: 00 时，又朝向东方等待太阳升起。

葵花向日

蒸蒸日上

但是“少小转头、老大不移”，从发芽到花盘盛开前这段时间是向日的，追随太阳从东转向西；待花朵完全开放后，向日葵的花盘就基本不转了，而是固定朝向东方。这是由于向日葵的花粉怕高温，若温度高于 30℃，就会被灼伤，因此成熟的向日葵固定朝向东方，可以避免正午阳光的直射，减少辐射量。

向日葵大花盘是由成百上千朵小花聚集而成的头状花序，直径 10~30cm，单生于茎顶或枝端，形状有凸起、平展和凹下 3 种类型。周围的花是黄色舌状花，有 1~3 层，为无性花，吸引昆虫前来采蜜授粉。中心的花是棕色或紫色两性管状花，位于舌状花内侧，为两性花，结实成葵花籽，就是我们常吃的瓜子。

向日葵叶片宽大浓密、根系发达，花盘形成前后根生长最快，生长速度比茎快，在土壤中分布广而深，耐瘠薄、抗盐碱、抗干旱。在各类土壤上均能生长，从肥沃土壤到旱地、瘠薄地、盐碱地均可种植，不仅具有较强的耐盐碱能力，而且还兼有吸盐性能，可以在碱性土壤中茁壮成长。向日葵的生长期是指

扶摇直上

傲然挺立

从出苗到种子成熟所经历的天数，一般为85~120d，因品种、播期和栽培条件不同而有所差异，整个生长期分为幼苗期、现蕾期、开花期和成熟期4个时期。

扭转花盘

不卑不亢

全球向日葵年均增长1.0%左右，我国主要集中在东北、西北和华北等半干旱或盐碱地区。观赏葵赏花期长达40d，油葵更是有“盐碱地先锋作物”的称号，具有极高的种植价值。引进筛选到适合黄河三角洲地区种植的高产优质耐盐碱油葵新品种，可以和谷子、玉米等作物接茬，也可以和花生、大豆间作，是“稳粮增油”的优选。作为世界五大主要油料作物（大豆、花生、油菜、芝麻、向日葵）之一，葵花籽油产量，仅次于棕榈油、大豆油和油菜籽油，位列全球第四，亚油酸含量高达70%~80%，与α-生育酚比例均衡，有利于人体消化吸收。

“更无柳絮因风起，惟有葵花向日倾”。传说古代有一位农夫的女儿名叫明姑，被后娘百般凌辱虐待。一次明姑惹怒了后娘，夜里熟睡之际被后娘挖掉了眼睛。明姑破门出逃，不久死去，死后坟上开着一盘鲜丽的黄花，终日面向阳光，它就是向日葵。其实，面向太阳就是希望。

## 夏至　及夏之半半夏生

花开半夏，似水流年。你是否见过开花的半夏呢？

此半夏非彼半夏，这里的半夏，是我国具有两千多年药用历史的一种中药材，多年生草本植物，具有扁球状或球状的块状茎，且生于地下。夏至当天极阳，过后盛极而衰、阴气生长，半夏感阴而开花，沾染了节气的特性，半夏的花有一个形象又神秘的名字，叫作“佛焰苞”。

晨光微熹

佛焰苞

“佛焰苞”是半夏等天南星科植物特有的一种花序，花序外由一片形似花冠的大型苞片包裹，像庙里面供奉佛祖插着蜡烛的烛台，形状像火焰，俗称“佛焰苞”。与天南星科的其他成员一样，半夏开出的形似“眼镜蛇”的“花朵”，在结构上也有着很大的玄机：外面那片带有紫色边缘的绿色“花瓣”，其实只是一片特殊的叶子。像半夏这样，拿一个“花序”的很多朵小花来冒充一朵花，还在最外面裹上一片“佛焰苞”来冒充“花瓣”，这种情况就顺理成章地被叫作佛焰花序了。如果将“佛焰苞”剥开，在里面那根“长须”的下方，则生长着很多颗粒状的小花，到了秋天，苞叶里就会长出密密麻麻半夏的种子。

半夏分布广泛，野生半夏分布于除内蒙古、新疆、青海、西藏外的全国各地，多分布于海拔 2 500m 以下，常见于草坡、荒地、玉米地、田边或疏林下。半夏人工规模化栽培始于 20 世纪 80 年代中期，“以河南、山东所产为地道”，山东省菏泽市是半夏人工种植发源地，“郓半夏”种植历史最早可以追溯到明代。

据《郓城县志》记载，明朝弘治年间，户部尚书侣钟就曾将郓城传统道地中药材半夏进贡宫廷，受到皇帝褒奖，被御封为“郓半夏”，自此，郓半夏闻名全国。但是，因为它种植难度较大，曾一度濒临灭绝，近 20 多年几乎绝

半夏根茎

半夏种子

花开半夏

迹。我们积极推动“郓半夏”复种工程。2018 年，郓半夏顺利通过国家地理标志农产品登记，是郓城县首个获得农业农村部认定的国家地理标志农产品。郓城县水浇条件好、地势平坦、土地肥沃，土壤有机质、矿物质元素含量丰富而均衡，适合郓半夏生长，市场药用价值得到巨大发挥。

球状根茎就是半夏的药用部位（有毒性），据统计，在 588 种中药处方中，半夏使用频率居第 22 位。依炮制方法不同，该中药材分为生半夏、清半夏、姜半夏、法半夏共 4 种，炮制加工后（清半夏、姜半夏、法半夏）具有燥湿化痰、降逆止呕的功效。

传说中，半夏的花语是爱与恨。在山里的地方，有一个蛇妖，她叫半夏，人面蛇身的妖怪，长得很漂亮。有一天，她变成美女去采草药，无意间见到一

**浮萍半夏**

名男子受了伤，便把他带回她所住的山洞，悉心照料。不久男子伤好了，男子对她产生了好感，蛇妖也爱上了这位男子。但她自知她是蛇妖，便把男子送回村庄；第二天，男子又来了，看见人面蛇身的半夏，就逃走了；第三天男子带着村庄里的人灭了蛇妖。蛇妖临死前说了要生生世世化作草，生生世世毒害着每个地方，生生世世拯救着每个地方。于是，半夏既有毒性，也有药性。

半夏这味古老的药材，作为传承发扬中医药文化的载体，将会继续肩负它的使命。

## 小暑　玉米吐丝斜挂腰

你见过玉米开花吗？玉米须又有哪些作用？

玉米是雌雄同株，它的雄穗，也就是它产生花药的地方叫天花。然后它的雌穗在下面，雌穗上面长出的花须就是柱头。雄穗产生的花粉，落到雌穗的花须上，就会受精，完成受精以后就会结出玉米籽粒。玉米既可以接受自己的花粉，也可以接受其他植株的花粉，当其他植株的花粉落到它的柱头上以后，有可能就会形成杂粒。

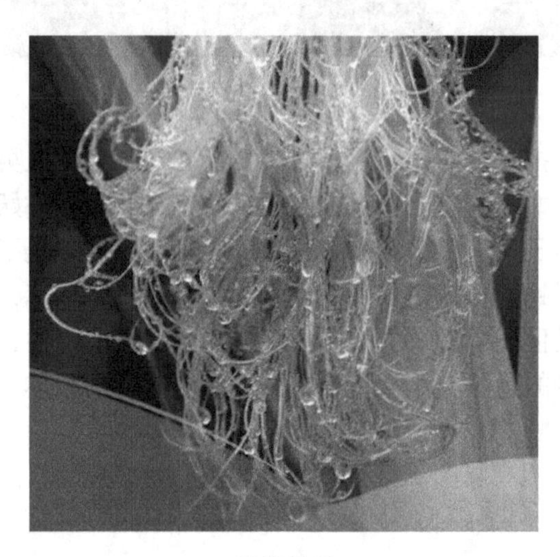

玉米长须

迎光而照

玉米还是典型的 $C_4$ 植物，$C_4$ 植物包括高粱、甘蔗等，只占3%，95%以上都是 $C_3$ 植物，包括小麦、水稻、大豆等绝大部分农作物。那么 $C_4$ 植物与 $C_3$ 植物有什么区别？$C_4$ 植物比 $C_3$ 植物多了一个二氧化碳的转运，相对于多了一台“二氧化碳涡轮增压泵”，多了这一步后，可以在浓度更低的二氧化碳环境中进行光合作用，光合作用效率更高。更大的影响则是对水分的利用，植物叶子上有很多气孔，进行光合作用时水分会通过气孔蒸发掉，97%水分都是蒸发掉的，只有不到3%用于自身物质的合成。$C_3$ 植物固定一个二氧化碳分子，需要蒸发掉800多个水分子，而 $C_4$ 植物只需要蒸发不到300个水分子，只有前者的1/3，所以 $C_4$ 植物具有更强的抗旱能力和抗热能力，更广泛分布在热带和亚热带地区。除此还有更特殊的CAM植物，通过景天酸代谢途径在夜间吸收二氧化碳，在白天进行 $C_4$ 循环，具有比 $C_4$ 植物更强的抗旱能力，像仙人掌、芦荟、龙舌兰等这些多浆液植物。

郁郁葱葱

我们也培育有上百个优良的玉米品种。例如，新选育的一个甜加糯型玉米品种，它的特点是一个果穗上既有甜的籽粒，又有糯的籽粒，所以吃起来口感非常好，不仅颜色漂亮也非常好吃。又如这款甜玉米，也就是常说的水果玉米，口感非常好，吃起来甜甜的，比西瓜还要甜。大家都知道玉米好吃，那你有没有见过玉米成熟的场景。与其他品种的玉米相比，旁边的玉米都青枝绿叶的，但是它的脑袋已经耷拉下去了，已经完全成熟。还有我们新选育的一款早熟型品种，它的生育期比较短，比普通的一些鲜食玉米要早10d左右。

那么，玉米种类也是非常非常多的。按照品质分，可以分为普通玉米、甜

丰收在望

五谷丰登

玉米、糯玉米、爆裂玉米、高油玉米、高赖氨酸玉米和高支链淀粉玉米等。常规玉米为最普通最普遍种植的玉米，特用玉米指的是除常规玉米以外的各种类型玉米。传统的特用玉米有甜玉米、糯玉米和爆裂玉米；新近发展起来的特用玉米有优质蛋白玉米（高赖氨酸玉米）、高油玉米和高支链淀粉玉米等。由于特用玉米比普通玉米具有更高的技术含量和更大的经济价值，国外称之为“高值玉米”。

玉树琼枝

那么，彩色玉米是不是可以放心吃，不管红的、紫的，还是黑的？彩色玉米都是天然的糯玉米系列，不是人工合成的，像黑色玉米富含花青素和多种微量元素，还有延缓衰老、美容保健的功能。还有人说彩色玉米是转基因的？是这样吗？玉米听了可是表示很委屈，彩色玉米是杂交选育的，是由直链淀粉酶突变导致的，可不是转基因。

另外，大家在挑玉米的时候要注意这三点：一要挑玉米须淡黄色的，二要玉米粒排布紧实饱满的，三要外衣翠绿挺拔的，这样的比较新鲜。

玉米不光学问多，俗名也多，您那里管玉米叫什么呢？

## 大暑　地上开花地下果

落花生，花生落花而生，原产于南美洲，世界上栽培花生的国家就有 100 多个，尤其以亚洲最为普遍。

花生花的特点是在地上开花，却在地里结果。花生从播种到开花一般也就一个多月，但花期却长达两个月，花生的花单生或簇生在叶子腋部。一般着生在分枝顶端的花，只开花不结果，是因为离地太远了，来不及往下钻，是不孕花；着生在分枝下部的是可孕花。每株花生开花，少则一两百朵，多则上千朵，但是结实数量却只有几十个。为了使更多的花结实，科研人员进行了很多研究，例如 AnM 栽培法，目的之一就是为了培土迎针，创建的花生单粒精播技术，也能增加开花结实数量。

默默无闻

花生生产种植上，一般情况下，都是每穴播种 2 粒、3 粒甚至更多粒，主要原因是怕种子不好，不能发芽。在自然界，植物和动物一样，都有一个合适的生存空间，多了就容易产生竞争排斥，这是一个自然现象。我们提倡单粒精播，就是一穴播种一粒种子，提高出苗率，增产可以达到 8%，节种可以达到 20%。种植花生用种量较大，每亩地的用种量带壳的是 50 斤（1 斤 = 500g），全国大约 10%的花生产量是做种子用，通过节种就能节种 20%，这个效果是非常明显，同时能够增产。我们攻关试验在全省全国，1 亩地达到 782.6kg 产量，实现了 30 多年亩产超 750kg 的突破，这个产量是国际最高产量。所以说单粒精播技术是花生生产上一项重大变革，是一项革命性的措施。

那么，让我们看一看花生是如何开花授粉并结成果实的吧！

朴实无华

落地生根

花生自花授粉，在花尚未开放时，就已完成受精过程。然后子房基部子房柄的分生组织细胞迅速分裂，使子房柄不断伸长，从枯萎的花萼管内长出一条果针，果针迅速纵向伸长，它先向上生长，几天后，子房柄下垂于地面。在延伸过程中，子房柄表皮细胞木质化，保护幼嫩的果针入土，最终发育成一个个饱满的荚果。通常采用涂抹花粉的授粉方法进行杂交育种，杂交时通常在头一天傍晚需要进行去雄，第二天清晨进行授粉，这个过程每天都要进行，在盛花期持续 20d 左右。通过这种育种方式，已经成功育成包括高油酸花生在内的舜花、花育系列花生品种。

从种下一粒花生到收获的 4 个月，经过了出苗期、幼苗期、开花下针期、

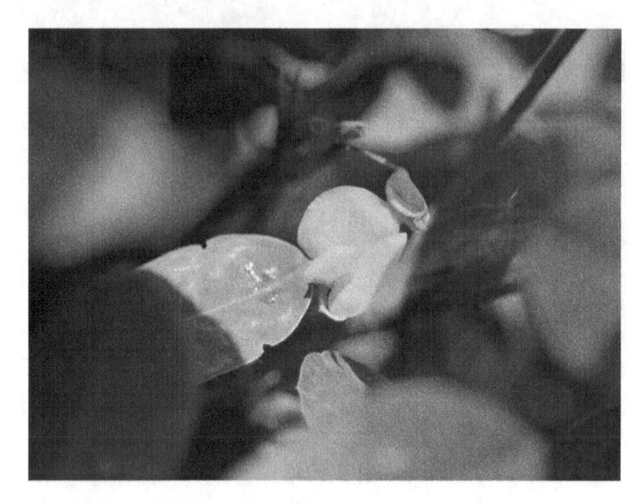

银海生花

归根结蒂

结荚期、饱果期和收获期等阶段，全程进行精准管控。从管理角度，花生的管理可以分为前期（出苗期到开花期）、中期（开花期到饱果期）、后期（饱果期到收获期），这 3 个时间段，我们创建了“三防三促”的调控技术。前期管理的重点是放苗、补苗、培育壮苗。中期管理的重点是防病保叶治虫，提早用药、绿色防控（食诱剂、性诱剂、天敌昆虫等），这样做的目的是促进光合产物积累。中期还要防徒长倒伏，待花生主茎高 30cm 时，进行减量分次精准化控，使株茎高维持 50cm 以内，以促进物质分配运转。后期重点防早衰，采用叶面追肥的方法（0.3%磷酸二氢钾水溶液，或喷 1%~2%尿素溶液），促进

生生不息

荚果充实饱满。

在花生的全生育过程之中，我们还采用全程可控施肥技术，可明显提高单株结果数和饱果数。通过研发的“三防三促”和“可控施肥”的精简管控技术，对花生起到了“双减一增（减肥减药、协同增效）”的绿色变革效应，显著提高了产品竞争力。

花生的花，用它娇小朴实的躯体，孕育出了滋养补益的“长生果”。

## 立秋　花作衣裳送温暖

衣食住行衣为先，棉麻丝毛棉在前，战国时期《尚书·禹贡》中就有“岛夷卉服，厥篚织贝”的记载，其中卉服和织贝都是指的棉花。

棉花乳白

棉花俏丽

棉花在山东一些地区又被称为娘花，是雌雄同株两性花、总状花序，是锦葵科棉属植物。与其他植物不同的是，棉花一生有两次绽放，一次是美丽的开花，一次是温暖的吐絮。棉花刚开放时花瓣平展，大多为乳白色；授粉后，花瓣中花青素含量发生变化，花色逐渐变化为俏丽的粉红色—热烈的紫红色—梦

棉花热烈

棉花吐絮

幻的蓝紫色，一花多色，缤纷多姿。棉花“吐絮”就是等棉铃成熟开裂后，盛开在铃壳上，洁白如雪。虽然花龄期的棉花开出的花朵很美，但为了孕育棉花，它只能萎谢掉自己美丽的容颜，产棉期的棉花会把自己所有的养分毫不保留地提供给棉桃。最终叶蔫了，枝掉了，洁白的棉花终于盛开了，此时的棉花其实是受精后胚珠表皮细胞快速伸长、加厚形成的白色棉纤维。

棉纤维保暖透气，是纤维界的“性价比之王”，也是生物界的“环保达人”。如果我们在显微镜下观察棉纤维，就可以看到它是捻曲的，中心是空的，这种独特的结构可以令空气在纤维间自由流通，并让棉花拥有了很好的蓄热能力，而且还不会产生静电。虽然目前科技很发达，但人们还是无法复制出

棉桃紧凑

洁白如雪

棉纤维的独特结构。棉花全身都是宝，不仅棉纤维可用于纺织，而且棉籽经过加工还可食用，棉花秸秆则是优质的造纸原料。全球棉花每年吸收的二氧化碳，相当于750万辆汽车的尾气排放，棉花秸秆和棉籽均可转化为环保能源。

花芽分化则是棉铃和纤维形成的根本，作为棉花生命周期中一个重要的阶段。分化的开始标志着棉株从营养生长向生殖生长转变，分化快慢、分化数目以及质量都直接决定其产量的高低，同时又可受到多种内外因子的调节。目前已有研究通过外部因子，如温度高低、光照强弱、光照长短和光照质量，以及内在因子如营养状况、水分、激素种类等进行花期调控，并提出了促进其花芽分化的技术措施。通过采取人工调控花芽分化技术，也可调控棉花花芽分化的形态变化过程和内外因子，提高大田中棉花产出的数量和质量。

当然，农以种为先。野生棉的种类很多，不过只有4个棉种被人类长期选择、驯化和栽培，分别是亚洲棉、非洲棉、陆地棉、海岛棉，这4个棉种的原产地都不在中国，而是相继传入我国的。现今，中国棉花产区主要分布于华北地区和新疆地区，新疆有着日照时间长、昼夜温差大的优越地理和气候条件，特别适合长绒棉的生长，有着世界顶级的质量，做衣被，暖和、透气、舒适，长年供不应求。棉花按照纤维粗细长短，分为长绒棉、细绒棉和粗绒棉。长绒棉多用于高级纺织品；原产于中美洲的细绒棉，因产量高、品质较好，被大面积种植；粗绒棉由于纤维粗短，不适于机器纺织，逐渐被淘汰。

我们曾选育的“鲁棉一号”，结束了国人使用布票的历史，在1981年还获得过国家技术发明奖一等奖。育种家们赓续“鲁棉一号”精神，研发推广了“鲁棉研”系列抗虫棉新品种，在山东和黄河流域棉区广泛推广。近年来，选育的“鲁棉研”系列耐盐碱新品种耐贫瘠、高抗倒伏、产量高，适宜轻简化机械化，也更适宜盐碱地种植。

## 处暑　稻花香里说丰年

禾下乘凉梦，十里稻花香。

水稻开花是一个奇妙的过程，随着气温升高，颖壳内二氧化碳含量增加，浆片细胞壁松弛，吸水膨胀将外颖挤出，花也是从顶部的枝梗开启，逐渐向下，整穗开完花 5d 左右。不同品种开花时间也有所不同，南方籼稻 9:00—11:00，而北方粳稻则在 12:00—14:00。在盛花期通过去雄、套袋、授以其他优良品种的花粉进行杂交育种，之后通过系谱法选育出优良品种，像香稻、糯稻、高营养稻等稻米，组成了一幅幅美丽的水稻画卷。

鱼米之乡

值得注意的是，这里所说的杂交育种与袁隆平院士培育的杂交水稻是不同的。

水稻是自花授粉植物，晴朗的天气，轻轻微风把花粉摇落在柱头上，完成了授粉。花型很小，这就意味着它不能像玉米一样通过人工授粉的方式来生产杂交种，杂种优势利用非常困难。说起品种，南方一般是种植籼稻，为杂交稻，粒型比较细长，蒸出米饭颗粒分明，口感偏硬一点；北方一般是种植粳稻，通过杂交育种选育，粒型一般是椭圆形，蒸出米饭一般是偏软，黏性比较大。

袁隆平院士在世界上首先发现了水稻雄性不育系，采用三系法（不育系、恢复系、保持系）生产出杂交稻。这种水稻的雄性器官发育不正常、花粉不育，不能自交结实，而雌性器官发育正常且主柱头外露率高，能接受外来花粉而受精结实。南方籼稻柱头外露率更高，更容易发现不育系，通过混合种植不

稻穗垂垂

水稻开花

育系（母本）和恢复系（父本），插植行数的比例以（10~14）：2 为宜，并在盛花期人工或飞机赶粉来生产大量的杂交种子，实现了产量的翻番。每年全世界通过种植杂交水稻增产的粮食可以多养活 7 000 多万人，使中国人民乃至世界人民远离饥饿。

说到了杂交育种，另外一种育种技术——转基因技术不得不提。大家对于转基因了解多少？其实过去几十年中，转基因技术在各个领域得到了广泛的应用，尤其医学领域，如众多种类的疫苗（包括新冠疫苗）、胰岛素、干扰素等，都得益于这种转基因技术。而技术都是中性的，在作物育种中主要用于抗虫、抗病、耐旱、耐盐碱、提高品质等，比传统的育种技术比更加地高效准确。之所以能育成越来越好的品种，是因为作物长期种植过程中，会产生突

水稻颖壳

吹糠见米

变。育种家就把这些有益的突变基因通过杂交组合，聚合到同一个品种中，获得我们现在用的高产、优质、抗病的新品种。

2020年诺贝尔化学奖就授予了被称为“上帝的手术刀”的基因编辑技术。看“编辑”这两个字大家都不难理解，所谓的基因编辑就是对基因密码子进行精准地校正或者改写，然后对生物体内的基因进行精准改造，创造出我们想要的突变类型，这是一项非常伟大的发明。过去很长一段时间里，都是采用物理和化学诱变的方法，来千方百计地促进基因变异，但是这些突变都是随机的，没法精确控制到是哪个基因或者哪个基因密码子的改变。基因编辑技术就像我们有了一把锋利的剪刀，可以像医生做手术一样，精确地去剪掉不想要的基因，把想要的基因给剪开再缝合进去。它非常精准可控，避免了物理和化学诱变的随机性和盲目性。这些也都是生物育种的一项技术，而生物育种也是我

生机勃勃

国现阶段重点研发方向，需要更加客观、准确、科学地去认识，更好为我国作物遗传育种服务。

此外，我们还研究了与稻共生的立体种养模式，利用稻田水环境辅以人为措施，既种稻又养虾、养蟹，稻虾、稻蟹互利互惠，实现“一水两用、一地双收”。同时还可以进行稻鸭共养，稻田为鸭群提供劳作、生活、休息的场所以及充足的水源、丰富的食物，鸭群为稻田除虫、除草、施肥和松土，两者相互依赖、相互作用、相得益彰。

稻花飘香的日子，守望的不仅是稻田，还有丰收的喜悦。

## 白露　映日荷花别样红

“予独爱莲之出淤泥而不染，濯清涟而不妖”，文人墨客称赞的莲到底是荷花还是莲花呢？其实啊，古人称赞的“莲”是荷花，而非睡莲，而这两者都可称为莲花。

荷花是莲科莲属多年生挺水植物，花中央倒圆锥形大花托也叫莲台，花谢后花托膨大发育成为莲蓬，莲蓬中分散嵌生的莲子就是荷花真正的果实。此外，荷叶可以泡茶，荷花的根状茎即藕可以食用。根据生产用途，莲藕（荷花）的品种可分为三大类型，即藕莲、子莲和花莲，藕莲以生产可食用的藕为主，子莲以生产莲蓬为主，花莲以供观赏为主。

水佩风裳

荷花喜温暖、水湿和阳光充足的环境，在强光下生长发育快，开花早；在弱光下生长缓慢，开花晚。荷花在生长发育的过程中，适应的最佳温度25～35℃，需要空气湿度75%～85%，湿度过小容易发生卷叶和花蕾干枯现象。荷花喜肥土，尤喜磷、钾肥，要求富含腐殖质及微酸性壤土和黏质壤土，对氟、二氧化硫等有害气体抗性较强。

碗莲属于一类小株型的荷花品种群，多年生具多节根状茎的水生植物，又名盆莲、钵莲、桌上莲。按邹秀文《中国荷花》三级分类标准，花径7～12cm、柄高30cm以下者称为碗莲，适宜家庭种植，主要品种有稚雀喙、小酒莲、烟雨等。因为其喜强光，我们正在攻克耐阴碗莲品种的培育。

睡莲和莲藕（荷花）属于不同的物种，只是从进化上二者亲缘关系较近，是睡莲科睡莲属多年生浮叶植物，沉水叶并有弯缺，花色较为丰富，花谢后果实落入水面以下为近球形浆果，睡莲花大部分部位不能食用。和莲藕（荷花）最主要区别，睡莲叶子表面光亮，莲藕（荷花）叶子表面有毛、不光亮；睡莲叶子大的一般只达 30cm 左右，莲藕（荷花）立荷叶直径一般在 50cm 左右，甚至可达 80cm 以上；睡莲叶子离水面较近，一般不超过 0.5m；莲藕（荷花）一般较高大，在湿地里高度可达 1.5~2.0m。

不蔓不枝

水中浮莲

山东省水生蔬菜种质资源圃，收集保存野生莲、古代莲、花莲（荷花）、子莲、藕莲（省内地方品种和省外引进品种）、美洲黄莲等莲资源，并选育出脆质莲、粉质莲、赏食兼用莲等品系。藕莲渔共生是新型的种养模式，不光荷田泛舟，还可摸鱼钓虾。

初发芙蓉

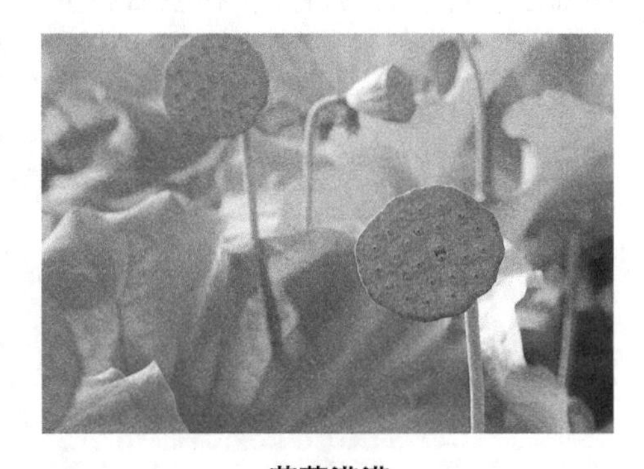

莲蓬满满

“大珠小珠落玉盘”，雨水落在荷叶上并不能摊开，而是形成一个个的小水珠，迅速从荷叶表面滚落，这是由于荷叶表面具有超强的疏水能力。为了使自己在水生环境中更好地生存，既能避免因空气不足而进行无氧呼吸产生大量对自身不利的乙醇，还能避免叶子被污泥遮挡影响光合作用。

另外，荷叶之所以“滴水不沾”，主要是因为它的表面有粗糙的特殊结构。荷叶表皮均匀分布着大小、高度不等的呈尖拱形的微米级乳突，每个乳突和底部都覆盖有纳米级蜡质小管，这种微米—纳米双重结构可使水滴，可长时间在荷叶表面，形成接触角大于150°的球形水珠，水珠由此可自由流动带走表面脏东西，达到超疏水、自清洁效应。

**步步生莲**

根据荷叶的原理，人们研发了超疏水材料，粗糙的表面结构配合疏水的涂层，对荷叶表面进行仿生，是研究热点之一。仿生后材料具有良好的防霜雪、防腐蚀、自清洁的特点，在生活和生产中具有广阔的应用前景。

## 秋分　冷露无声湿桂花

秋意浓时桂花香。秋日，满目堆青叠翠之中，点缀着一簇簇米黄色的桂花。那么素雅，那么玲珑，那么生机勃勃，那么引人注目，让人一闻就充满无限的活力。

桂花是常绿乔木或灌木，高 3~5m，最高可达 18m，树皮灰褐色。桂花适应于亚热带气候地区，性喜温暖、湿润，最适生长气温 15~28℃。湿度对桂花生长发育极为重要，要求年平均湿度 75%~85%，年降水量 1 000mm 左右，特别是幼龄期和成年树开花时需要水分较多，若遇到干旱会影响开花，强日照和荫蔽对其生长不利，一般要求每天 6~8h 光照。

桂花飘香

桂花是典型的短日照植物，起源于低纬度地区，所处的环境比较温暖，多数时间都可以利用阳光获取营养。而当它们感受到日照变短时，就说明冬天要来了，此时它们就开花结果，用种子休眠的形式越过寒冬，等到翌年春天再萌发。这些短日照植物，日照时间的周期虽然每年都一样，但是环境的温度却并非每年都一样，在温度足够的情况下，即便日照减少，植物仍然可以维持一定效率的光合作用，多积累一些营养。所以，除了日照时长，桂花还会考虑环境温度来作为是否开花的另一个决定因子，在入秋后需要经历一段 20℃以下的温度才能够开花。

银桂

丹桂

桂花的花芽分化速度具有慢—快—慢的特点，苞片分化慢，花序原基至花瓣分化快，雄蕊分化慢，整个分化时期历时 4 个多月。桂花的香味与品种有关，其中香气由浓到淡分别为金桂、银桂、丹桂、四季桂等。金桂最常见花色娇黄，花香最浓；银桂花色淡雅，香味饱满；丹桂明艳，香味却清新；四季桂花色较淡，花香不及其他三类浓郁。

桂花的香味浓郁主要还是因为花朵中含有丰富的挥发油，例如醇、烯、酮

四季桂

等芳香类物质，挥发性极强。其实植物和动物一样，也需要新陈代谢，可能觉得神奇，但这就是植物的生长过程。桂花的植物细胞在代谢过程中，会分泌很多芳香油，随着空气及微风的作用，花香就会不断地飘散出来。

最佳的赏桂距离是站在距离桂花3~4m处，这时扑鼻的花香浓淡适宜，有风送香则更佳。最佳闻香时间在上午，这个是有科学依据的，在早上的时间段内，桂花的花粉受到气温攀升的影响，挥发得最快最多，散发的香气也最浓郁。

农历八月，古称桂月，此月是赏桂的最佳时期，又是赏月的最佳月份。中国的桂花，中秋的明月，自然就联系在了一起。

## 寒露　野藤络树金银花

说起金银花，相信大家都非常熟悉，无论是南方还是北方的庭院墙边，都能见到它摇曳的身影。当花蕾依次张开，或白或黄的花朵爬满藤架，馥郁的香气散出，沁人心脾，令人驻足。

金银花香

匍匐前进

金银花为忍冬科忍冬属多年生半常绿木质藤本植物。金银花的藤干总是从左侧向上缠绕，从不反向，故有左缠藤之称，从正上方往下看，它的茎蔓是顺时针旋转的。所有的植物都是这样吗？不一定，例如萝藦，与金银花恰巧相反。大多数植物的“转头运动”是有一定方向的，根据左右两种旋转缠绕方式的不同，攀缘植物被大家形象地比喻为“左先生”和“右先生”。以牵牛花为代表的“左先生”总是向左旋转，其缠绕方式是逆时针，有紫藤、萝藦、旋覆花、马兜铃等。以金银花为代表的“右先生”，总是向右旋转，其缠绕方向为顺时针，有菟丝子、鸡血藤、五味子、啤酒花等。而何首乌却有它自己的想法，“随心所欲”地转头，有时左旋，有时右旋。

为什么，植物喜欢光吗？那是自然，那是植物生长所必需的。藤蔓植物的茎追着光跑会怎样？在北半球，太阳在天空的南方，茎尖那就会顺着东—南—西的方向生长，从植物的上方往下看，藤蔓的缠绕方向就是顺时针的。而在南半球，太阳在天空的北方，茎尖那就会顺着东—北—西的方向生长，从植物的上方往下看，藤蔓的缠绕方向就是逆时针的。我们说的南半球还是北半球，是就这个物种刚分化出来时的环境而言的，物种定型后，缠绕方向就写入了基因，以后不管在哪里生长都不会轻易改变了。那何首乌为什么是个例外呢，这是因为起源于赤道附近的单缘植物，由于太阳当空，它们就无须随太阳转动，因而其缠绕方向没有固定，可随意旋转缠绕。

金银花缠绕

牵牛花缠绕

“金银花”一名出自《本草纲目》，由于花初开时为白色，后转为黄色，因此得名。金银花在我国拥有 1 000 多年的历史，山东、陕西、河南、河北、湖北、江西、广东等地都有种植，属于我国传统的中药类型植物，其性味甘寒，归肺、胃、心、脾四经，有散风消肿、通经活络、清热解毒之功。其生物活性成分很多，但很关键的一种成分是“绿原酸”，绿原酸在花期中的含量先增加后减少，最高点在花期的前段部分。金银花开花从 5 月下旬开始，持续到 10 月中旬，花开时分四茬，每茬大概 7d。

金银花的花期分 7 个阶段，即幼花期、三青花期、二白花期、大白花期、银花期、金花期和枯萎花期，前 4 个花期是处于花蕾阶段，后 3 个花期是盛开阶段。根据生长规律，花蕾刚长出后两周就进入三青花期；再过一周就进入二白花期，这时候的花朵生长最快；大白花期后的一两天花朵就开放了。绿原酸在金银花进入幼花期就开始富集，在整个花蕾阶段含量较高，但金银开放以后，绿原酸的含量就开始极速减少，到了枯萎期降到最低。据测定，三青花期的绿原酸含量最高，是最低点的 5 倍左右。所以把握金银花采摘的时间，在花蕾刚长出时就要开始计时了，两周左右进入三青花期，这时的花蕾基部呈现青绿色，花头呈现乳白色，是采摘的最佳时期。

缠绕之美

金银花属典型的温带与亚热带树种，适应能力很强，故农谚讲“涝死庄稼旱死草，冻死石榴晒伤瓜，不会影响金银花”。它对土壤条件要求不高，在盐碱或酸性土壤中均能生长，但在湿润、肥沃的深厚沙质壤土中生长效果最佳。由于根系繁密发达，茎蔓着地就可以生根，有顽强的生命力，具有喜阳、耐阴、耐旱、耐寒的特点，在防风固沙、矿区生态恢复等方面有着独特的价值。

其实啊，每一株植物都是时刻追着光奔跑的英雄。

## 霜降　菊残犹有傲霜枝

“采菊东篱下，悠然见南山”。菊花，是菊科菊属的多年生宿根草本植物，高 60~150cm。

菊花的适应性强，对气候和土壤条件要求不严，我国各地均有栽培。更喜疏松、肥沃、含腐殖质多的沙质土壤，在微酸、微碱性土壤中均能生长，但低洼盐碱地不宜栽种；喜阳光、忌荫蔽、较耐旱、怕涝；喜温暖湿润气候，但亦能耐寒，严冬季节根茎能在地下越冬。秋菊开花的时间通常在 10—11 月，较早的在 9 月中下旬；夏菊在 5—10 月都可以开花；冬菊的花期在 12 月到翌年 1 月。

多色菊花

菊花为短日照植物，在短日照下能提早开花，花能经受风霜，但幼苗生长和分枝孕蕾期需较高的气温。在影响菊花花芽分化的因素中，光周期是最关键的因素，短日照促进开花，长日照阻止开花。菊花对于短日的感应主要集中在上位叶片，同时日长反应只作用于附近的茎尖，没有开花类物质传递的现象。

温度也是影响菊花开花的重要环境因子，直接作用于花芽分化和生长发育。整体来讲，对于菊花开花影响最大的主要是夜温，从花芽分化到现蕾一般以 15~20℃为宜，低于 10℃时，花芽及小花发育都会受到延迟。另外，温度在诱导和打破菊花莲座方面起着决定性作用，在晚秋或初冬发生的菊花脚芽节间一般不能生长呈莲座状，即使放在适宜的温度仍不能正常生长和开花，而经过一定时间的低温后，莲座状的植株才能够恢复其生长活性。

菊花不仅颜色鲜艳，姿态万千，其在百花凋零的深秋不畏严寒、傲霜怒放的品格，更是深受人们的喜爱。说起植物的抗寒性，就要提到水杨酸对低温胁迫的影响。水杨酸是植物组织中普遍存在的一类小分子酚类化合物，含量很

平瓣菊花

管瓣菊花

低，但是在植物体内起着广泛的作用。不仅参与植物成花诱导，还参与气孔开放、光合作用、呼吸作用和离子吸收等多种代谢途径，外源施用SA还可诱导某些植物开花和产热，提高植物抗逆性。

菊花品种资源也是极为丰富的，目前世界上总共有2万~3万个品种，我国有7 000个以上，因此菊花的分类也相当复杂。园艺上对菊花品种分类的方式有很多，按自然花期分夏菊、秋菊、冬菊、四季菊；按花茎分为小菊系、中菊系、大菊系、特大菊系；按叶形分为正叶、深裂正叶、长叶、深裂长叶、圆叶、蓬叶、葵叶、反转叶、柄附叶、锯齿叶等。不过现在使用最多的是按瓣形

彩虹菊

和花型进行分类，把大菊分为5个瓣类（平瓣、匙瓣、管瓣、桂瓣、畸瓣）30个花型。

菊花用途也非常广泛，可药用、饮用、食用、观赏等，最初，人们是将菊花作为一种有药用价值的植物进行栽培利用。作为“花中四君子”（梅兰竹菊）之一，也作为世界四大切花（菊花、月季、康乃馨、唐菖蒲）之一，菊花文化在花文化历史中极为悠久，在我国自有文献记载已有3 000余年，古代的经典史册、文学著作和民间传说中都有关于它的典故。“夕餐秋菊之落英”，人们在源远流长的养菊、赏菊、品菊、咏菊、画菊的传统中，也培养了雅洁高尚的情操、品德素养和民族气节。

## 立冬　植物工厂藏红花

淡淡的紫色、小小的个头，这个看起来不起眼的小植物，就是大名鼎鼎的藏红花。虽然花好看，但藏红花最金贵的地方是花朵里面这三根红色的花丝。摘完了花，剩下这一个个大蒜模样的小可爱，就是藏红花的种球。那么藏红花真的只能在西藏生产吗？到植物工厂看一看。

藏红花丝

藏红花其实原产地在伊朗，后在 20 世纪 80 年代经中国西藏传入中国内陆地区，所以又名藏红花。目前主产区在上海崇明等沿海地区，国内适宜种植区域非常少，仅有 5 000 多亩的种植面积，97% 的需求量都得依赖于从伊朗进口。在自然环境下，目前藏红花种植比较流行的方法是“双阶段法”，每年 10 月底种植者把藏红花的种球播到地里进行繁育，翌年 5 月每颗种球能繁育出 3~4 颗新种球，然后这些种球被挖出移到室内，靠自身的营养进行花芽分化开花，开完花的种球又被播种到地里，周而复始。但是，藏红花一年一茬产量太低，1 亩地才 500g 左右，再加上种植经验和管理技术不足，成了制约藏红花产业发展的瓶颈。

植物工厂环境下，通过人工模拟其生长环境，调控环境要素，非常明显地提前并延长了藏红花花期，据此开展藏红花终年供应技术研究，以达到量产的目的。目前植物工厂内进行藏红花繁育大致流程为：首先在泥炭土中进行藏红花的种球繁育，然后将繁育的新种球置于一定的环境条件下，去促使完成花芽分化。完成花芽分化的这个过程，在正常自然条件下可能大约需要 3 个月的时

植物工厂

间，但是在植物工厂条件下，1 个月左右就能完成花芽分化。这些完成花芽分化的藏红花种球，再培育一段时间，芽长能达到 6~7cm，再经过 1~2 个月的培养就可以开花了。整个生长过程在植物工厂条件下能够从一年一茬实现两年三茬，不仅加速了它的生长过程，更让人惊喜的是，藏红花的内在品质也得到了提高。

藏红花开

藏红花文创

我们前期选择藏红花做一个研究的切入点，主要从两个方面考虑。第一方面要解决植物工厂的问题，植物工厂在我们国内发展的速度非常快，从数量上来看已经是仅次于日本，但是目前国内植物工厂，建设、运维成本都比较高，采样化程度非常低、产品太单一，选择藏红花就是看中了它的高附加值。第二方面就是通过一系列的配套技术，让藏红花从大田到植物工厂真正有一个质的飞跃。

在这里，植物不再需要阳光和土壤，对于生产条件要求较高的植物，都可以通过植物工厂的形式来进行人工培养。

## 小雪　设施番茄谁授粉

西红柿、番茄、圣女果，你更爱哪一款？

其实，番茄就是西红柿，番茄是学名，有大番茄和小番茄之分，小番茄就是俗称的圣女果。除了红色、粉色，还有黄的、绿的、紫的、奶白的和迷彩的等，从适口性来讲分为口感番茄和普通番茄。

岁物丰成

农业生产上通常利用传粉昆虫的特性，研究采用人工辅助授粉的方法，克服因条件不足而使传粉得不到保证的缺陷，达到预期的产量。像番茄花中只有花粉无花蜜，所以爱吃蜂蜜的小蜜蜂就不喜欢来找番茄花，通常采用人工授粉方式在大棚里进行，尤其夏天天气炎热，人工劳动很是辛苦。

也有采用激素点花的方式，使用植物调节剂如2,4-D、对氯苯氧乙酸等将原来的激素发生改变，形成一个新的平衡，将营养向花部运送，使坐果概率提高。像听说到的避孕黄瓜其实跟避孕药没有什么关系，它是一种生长素，也就是植物生长调节剂，能帮助黄瓜更加顺利生长。而避孕药属于动物激素，主要成分是雌激素和黄体素两种动物荷尔蒙，动物激素对植物不起作用，同样植物激素对人体也不会产生副作用，更何况涂抹的用量非常之少。

再者就是可以利用熊蜂为设施番茄、西葫芦等蔬菜进行授粉，是一种完全自然的授粉方式，替代了人工授粉。蜜蜂的种类非常多，有2万多种，通常所

眷红偎翠

黄色玛瑙

说的蜜蜂，在分类学上其实都属于蜜蜂总科，常见的授粉蜂大约有4类，分别是蜜蜂、熊蜂、壁蜂和切叶蜂。其中蜜蜂属于蜜蜂科，主要用于给大田作物授粉，也有在设施草莓上用的；熊蜂属于熊蜂科，主要是用于设施果菜授粉，这几年我们发现给果树授粉效果也非常好；壁蜂属于切叶蜂科，主要是胶东地区的果农用于给苹果树授粉；切叶蜂也属于切叶蜂科，主要是给牧草授粉。

如果按照种植户常用的做法，大棚里通过人工“抹激素”实现坐果的番茄，没有种子、空心，看着大，实际上重量轻，吃起来味道差，没有番茄的味

番茄熊蜂

果园熊蜂

设施蜂箱

道。而熊蜂授粉的番茄有种子、汁水饱满，重量重，吃起来风味好，大大提高了坐果率、产量和品质。

而且，现在熊蜂工厂化繁育技术非常成熟，形成了一系列熊蜂产品，可以满足不同作物、不同用途的授粉需求，目前研发有制种群、迷你群、标准群、加强群4个系列产品。制种群用于作物育种，一般都是100～200m$^2$ 的小棚。迷你群，用于1亩以下的设施草莓等作物授粉。标准群，一般是给1～2亩设施作物授粉。加强群，是给露地果树授粉，一群可以覆盖5～10亩的果园，为适应户外的环境条件，还专门给露地果树做了户外蜂箱来遮风挡雨。

有这样一个预言："如果蜜蜂从地球上消失，人类将只能再存活4年。没有授粉，没有植物，没有动物，也就没有人类"。目前世界上已知的显花植物，就是开花的植物，有25万种，其中有21万种是虫媒花，也就是需要昆虫来授粉才能坐果，产生种子，繁育后代。而蜜蜂就是最主要的授粉昆虫，授粉比例占到85%以上，据联合国粮食及农业组织数据，107种主要农作物中，91种依赖蜜蜂授粉。所以，小蜜蜂，大功臣。

## 大雪　蜡梅一花香十里

"欲识清奇无尽处，中间深佩紫罗囊"。蜡梅在积雪的映照下更显清新别致。蜡梅淡薄的黄，是不是很像蜂蜡的质感？北宋的苏轼和黄庭坚见到黄梅花似蜜蜡，将它命名为"蜡梅"。但是蜡梅的名字中虽然有个梅字，却不是梅花，是蜡梅科蜡梅属的落叶灌木，而梅花是蔷薇科李属的小乔木。

冰肌玉骨

北方，梅花并不多见，而且花期是在早春，所以真正能够凌霜傲雪的更应该是蜡梅才对。蜡梅不独在貌，更因其香，闻过蜡梅花香的人都知道，它真的可以算得上是一花香十里的典范了。

蜡梅虽然是两性花，理论上可以完成自花授粉。但是蜡梅花药背向着生，虽然花药与柱头没有明显的高度差别，自花花粉却不易落置到柱头。雌雄异熟也是一种较常见的限制自花传粉机制，蜡梅存在雌蕊先熟现象，柱头在花未开放之前即具可受性，随着花的展开，柱头可受性已远不如花药还没开裂的时候，只具部分活力。不管是空间上还是时间上的生殖隔离，都不如通过遗传上的自交不亲和以及雌雄异株限制自花授粉来得有效，蜡梅的生殖隔离还处于初期阶段，并不能防止自花传粉的发生，自交可孕有一定的发生频率。

谁又不想给自己增加点基因多样性呢？蜡梅还是倾向于异花授粉的。首先，风媒对蜡梅传粉作用微弱，蜡梅单花花粉量较少，且柱头线状、不特化、

蜡梅花开

傲霜斗雪

不易捕捉花粉（为原始性状）。另外，蜡梅花朵开口一般朝下，更不易接收风媒传播的花粉，故可排除风媒对蜡梅的传粉作用。蜡梅主要依靠昆虫传粉，可是大冬天能够为之授粉的昆虫是非常少的，蜜蜂得在温度高于 15℃ 的时候，才会出来工作。它只能使劲地来制造香味物质，并且让香味飘散到更大的范

傲骨铮铮

雪胎梅骨

围，吸引些耐寒的丽蝇或者食蚜蝇来觅食，然后同时帮助它完成授粉。

值得注意的是蜡梅花期主要集中在严寒的冬季，温度低，却并没有影响蜡梅的有性生殖正常进行。但是从传粉角度来看，冬季并不利于蜡梅传粉的实现，为何蜡梅在演化中选择这时间段的花期，有两种推测。其一，蜡梅可能起源较南，起源中心四季不分明，故不特别选择物候期，当种群向高纬度扩张定居后，花期并未产生适应性的变化，如枇杷、八角金盘、茶等引种到南京后都保持冬季开花习性。其二，蜡梅为什么不在春夏开花？是为了避开与其他花朵们的激烈竞争，春夏季节昆虫多，要开花的植物也多，与其在一个激烈的市场抢得头破血流，还不如在一个细分领域自得其乐。

蜡梅花香忽隐忽现、芬芳馥郁、暗香幽远，时而抑制、时而汹涌、时而绵长，寄思念之情。

## 冬至　草莓花果难分开

草莓是一个庞大的家族，大约有50个野生物种。早在古罗马时期，人们就开始采集野生草莓用作药物，这些野生草莓不同于现在市场的见到的，无论是森林草莓、黄毛草莓还是东方草莓，即便风味再浓郁也都是袖珍小果。如今在市场上买到的草莓并非野生种类的直系后代，而是经染色体数目加倍后的八倍体，由于一般的野生种几乎都是二倍体和四倍体，所以栽培草莓个头远远超过野生草莓，也就不足为奇了。

香甜诱人

芳香味浓

香甜可口

形色之美

可是你知道吗，我们平时吃的草莓果实其实是花托。把草莓切开，可以看到纵剖面中心为花托的髓部，外部为花托的皮层，草莓的美味其实来自花托成熟后变成的红色多肉组织，也就是“假果”。而草莓上面密密麻麻的小点点，才是真正的果实，称为瘦果，种子则在瘦果里面，嵌埋在皮层内，由维管束同髓部相连。

草莓上面的种子可以直接播种吗，播种后可以长出草莓吗？可以播种，但是播种一粒种子到结出一颗草莓需要 10~16 个月的时间。所以，生产种苗主要是通过匍匐茎繁殖即无性繁殖，因为种子繁殖草莓苗性状分离严重，不能保

娇艳欲滴

持原品种的优良特性。但是这种自繁自育培育生产苗的方式，很容易将土传病害特别是病毒病传递给子代，导致连作障碍，使得草莓丢失了关键的农艺性状，没有了草莓味。我们研发了草莓脱毒种苗，是通过草莓匍匐茎尖组织培养，经过一系列分子生物学及表型检测所得到不含病毒的种苗，能够达到草莓种质提纯复壮的效果。

可若是想选育草莓新品种，就得采用种子繁殖。目前就是通过选取不同的父母亲本进行杂交授粉，收集草莓种子，在植物工厂播种，筛选种苗，从而选育周年化生产用的草莓新品种，实现了草莓品种的国产化，保证了夏、秋季草莓鲜果供应的周年化。

## 小寒　水仙多开有妙招

“凌波仙子生尘袜，水上轻盈步微月。”

水仙，闻如其名，不用土养，拿一个花瓶，里面搁上清水，再放鹅卵石，便可以了。从远处看，矗立在那里，洁白的花瓣，像仙女的衣袖，翩翩起舞。从近处看，那白白的花瓣欲开欲合，漂亮极了。身躯虽瘦小，却能盛放在寒风中，散出盈盈香意。

水仙花开

水仙属冬性，为石蒜科水仙属多年生鳞茎植物，种类较多，因各原产地靠近，经过千百年的自然杂交，形成了庞大的杂种群。依据花和植株形态进行分类分为十二大类，其中栽培最多的是喇叭水仙、大杯水仙、小杯水仙和重瓣水仙 4 个类群。中国水仙是多花水仙群中的一种，经历芽仔、钻仔和种仔阶段，才能成为商品球。国内也把比这些中国水仙种球更大的种类称为欧洲水仙或洋水仙。

水仙是一种球根花卉，鳞茎卵球形，一般每个鳞茎可抽花茎 1~2 枝，多者可达 8~11 枝，伞状花序。球茎外被黄褐色纸质薄膜，称球茎皮；内有肉

水仙漫游

画中水仙

质、白色、抱合状球茎片数层，各层间均具腋芽；中央部位具花芽，基部与球茎盘相连。自然条件下不能成花的水仙鳞茎母球内部最外侧芽可以被外源乙烯诱导成花，生产实践中，花农判定水仙催花处理成败，也就在于鳞茎母球内部的最外侧芽是否被诱导成花。

水仙生长前期喜凉爽、中期稍耐寒、后期喜温暖，具有秋冬生长、早春开花、夏季休眠的生理特性。栽培水仙的时候，温室温度控制在夜间 10℃以上，白天不超过 18℃。虽然较低的温度可能会延长水仙在温室的时间，但能增加花朵的鲜艳度，并会降低花枯萎的可能性。7—8 月休眠，在休眠期鳞茎的生长点部分进行花芽分化，只有外界气温低于 20℃时才开始生长。

休眠期的水仙呈鳞茎状，无叶无根，外界的光照难以对其起作用，那气温应该是可以起作用的。不过其方式是否也像影响其他冬性植物那样，通过低温春化作用而促进水仙花的成花呢？显然不是。在某一地区种植的水仙鳞茎在种植时受一致的低温影响，而拿到花农家后水仙鳞茎的成花率差异极大。虽然水仙从经受冬季低温到花芽分化长达半年之久，但是低温所产生的成花效应也难以保留这么长的时间，所以将收获来的鳞茎置于较高气温条件下贮存，鳞茎芽的成花率反而会比较高。

水仙花开放在枝条顶部，花梗处弯曲近似 90°，仿佛在表达着自己的敬意。

## 大寒 又见蝴蝶入兰间

来沉浸式感受一下浪漫的蝴蝶花。

看到蝴蝶兰的花色如此丰富，它是怎么表现出来的呢？蝴蝶的花色其实由花青素组成。我们平时看到的红花、橙花，其实是由蝴蝶兰花色中的天竺葵素和矢车菊素控制的；我们看到的黄花和绿花，是由叶黄素调控的；我们看到的蓝紫色花，是由飞燕草色素控制的；有的时候我们看到大白花，其实是花青素含量最低的表现。

蝴蝶花开

你家的蝴蝶兰养得好吗？只要了解了蝴蝶兰的故事，想养好它那是轻而易举的。蝴蝶兰属于兰科蝴蝶兰属，原生于热带或者是亚热带的丛林当中，那是一个温暖多湿的环境，而且蝴蝶兰是那种很有些不走寻常路意味的植物。

第一个不寻常，是不入土，也就是说它不是在土里生长的。那么长在哪的，树上？没错，在原生地，蝴蝶兰基本上一辈子都是依附在树干上，而且大部分的根，裸露在空气当中。所以说，我们在家里，如果用透水性和保湿性都很好的水苔类专用基质来栽培，它就会特别的喜欢。

第二个不寻常，在她的花。一般植物的花芽，雄蕊和雌蕊都是分开的，甚至很多植物雄蕊和雌蕊是在不同的两朵花上的。但是蝴蝶兰不一样，它的雄蕊和雌蕊合生在一起，形成一个合蕊柱。所以，我们在家里，若要给蝴蝶兰进行人工授粉，这个结构是一定要了解的。

纤尘不染

白色一朵

蕙心兰质

兰花齐芳

第三个不寻常，是蝴蝶兰和昆虫之间的爱恨情仇。一般的虫媒植物，想让昆虫来协助自己授粉，总得付出点报酬，例如说蜜蜂给向日葵授粉，其实是相中了向日葵花朵里面的花蜜和花粉，要采来作为食物而用。但是蝴蝶兰不一样，它花朵里这些精巧的结构，好像就是专门为了诱骗昆虫而生的。蝴蝶兰的花粉，粘成了两个小团块，就藏在这个像鸽子头一样的合蕊柱当中，这个合蕊柱和下边的这个唇瓣，形成了一个机关。当昆虫被唇瓣中间的各种颜色各种斑点的肉突吸引而来，准备一探究竟的时候，就已经落入了蝴蝶兰的“陷阱”。就在这一刻，昆虫的身体已经触碰了机关，就是合蕊柱上这个保护着两枚花粉团块的“草帽”，里面的花粉块便会准确无误地粘在昆虫身上。但是，昆虫的记忆力有限，当它惊慌失措地跑到另外一朵蝴蝶兰的花朵前时，还是忍不住回去探访一下这个唇瓣中间的肉突。于是再次踏上第二朵蝴蝶兰的唇瓣时，粘在它后背上的花粉团块便会准确无误地被合蕊柱中间的黏液吸附住，蝴蝶兰传宗接代的任务就大功告成了。

此外，蝴蝶兰的居家养护还要注意以下几点，便可保证常年开花。第一光照不可太强，以散色光为宜；第二水分要充足，遵循见干见湿、浇深浇透的原则；第三施肥要保证薄肥勤施；第四温度不可过高，超过 32℃ 蝴蝶兰便休眠，以 18~30℃ 的室温为宜；最后在蝴蝶兰开过花之后，要及时剪除它的花梗，保证新花梗的发出。

花蕊幽香雅室传，又到年宵购花季，不养上一些花，永远不会知道，大自然有多么神奇。

## 致谢

《乡村振兴农业高质量发展科学丛书——智慧之芯》行将付梓之际，特别感谢阮怀军、张文君、刘霞、李才林、周起先、刘倚帆、王翠萍、李梦竹、马玉敏、王莹莹、唐茜、赵玉华、侯学会、牛鲁燕、王琦、訾妍、高润、宫慧慧、张锋、刘珂珂、张景霞、王海凤、李根英、尹静静、王月、侯丽霞、赵艳侠、王烨楠、张建锋等作者提供的宝贵经验，如有疏漏和不妥之处，也恳请广大读者批评指正。